宋路霞 編著　宋路平 攝影

旗袍的靈魂是優雅

香港范元芳女士的旗袍經

THE SOUL OF QIPAO IS ELEGANCE

MS. FAN YUEN FONG (FROM HONG KONG)'S RICH EXPERIENCE IN QIPAO

上海科學技術文獻出版社
Shanghai Scientific and Technological Literature Press

范元芳女士

目錄

序言 宋路霞 004

第一章 香港中環“遊走”的珠光寶氣

如果你在香港中環、金鐘一帶，看到一位身穿漂亮旗袍，身上項鍊、耳環、戒指、手鐲一樣都不缺的太太，不要奇怪，知情的朋友會告訴你：“這肯定是張太，ASCOT CHANG 董事張德祥的夫人范元芳。”她已經我行我素地“遊走”了半個世紀。

.... 007

第二章 “頑固”地活在老上海的潛規則中

作為寧波“天一閣”的後代，她總是穿旗袍；作為香港頂級西式襯衫 ASCOT CHANG 的高管，丈夫總是西裝領帶。夫婦倆一生沒有穿過 T 恤及牛仔褲。他們不追求新潮，不追求時髦，全不顧窗外服飾的“改朝換代”，“頑固”地生活在老上海人的潛規則中。什麼是高雅？什麼是尊貴？什麼是合體？全憑自己的理解和實踐。

.... 023

第三章 用四個“專門定製”來詮釋旗袍之美

旗袍在她心目中幾乎是神聖的，不可以隨便亂穿，不可以隨意搭配，不可以褻瀆，必須用最美好、最合適、最得體的物件來與之相配。於是，除了旗袍是專門定做的，配穿旗袍的皮鞋、皮草、首飾，全是專門定製，甚至雨傘、眼鏡和襪子也要與旗袍顏色相配。

.... 059

第四章 名媛老旗袍的大本營“元芳閣”

歲月如詩，愛心如歌，佛光高照……“元芳閣”橫空出世，為名媛老旗袍安置了一個新家。他們宅心淳厚，與世無爭，用自己的方式，努力把生活過成一首優美的抒情詩。除了旗袍，她最用心做的事情，就是如何把愛心播撒到最需要的地方。

.... 121

後記 宋路霞 164

序言

在我認識的衆多的旗袍朋友中，范元芳老師絶對屬于“天花板”級的人物。初次見面，看她身穿旗袍，手挽一個坤包，微笑地從轎車上下來，那輕盈的脚步、優美的身段、“珠光寶氣”襯托下的旗袍、温馨悦耳的上海話……好像再現了老上海電影裏的某些熟悉的畫面。那韵味、那“腔調”，把久遠的東西一下又呈現在眼前，立馬使我意識到，我們將會獲得一些“國寶級”的知識。

果然，范老師的故事不同尋常，她的旗袍理念和實踐大大超越了常人。

范老師 1948 年生在上海，祖籍浙江寧波，是古老的“天一閣”范家的後代，她的曾祖父范文虎是當地中醫的領軍人物。她 16 歲與家人遷居香港，在她的忘年交陳天真女士（上海原百樂門老板顧聯承先生的兒媳）的影響下，穿了半個多世紀的旗袍，形成了自己獨特的旗袍風格，被譽爲香港最會穿旗袍的典範之一。這本書，就是她半個多世紀以來穿旗袍的心得和經驗的總結。

旗袍，每位女性都可以穿，但是穿出來的品位大不一樣。本書試圖從范元芳老師對于旗袍服飾的理解，以及她穿旗袍的“四個專門定製”（除了專門定製旗袍，與旗袍相配的皮鞋、皮草、首飾和髮夾都是專門定製），來詮釋她心目中的旗袍之美，從而説明旗袍應有的文化定位。承蒙范老師的好意，向我們展示了四個衣橱的旗袍，以及海量的旗袍照片，又請宋路平先生補拍了許多照片，所以本書附有大量優美的旗袍照片，以期對那些喜歡穿旗袍，但對穿旗袍的高標準或“潛規則”尚缺乏了解的朋友，帶來些許啓示。

俗話説“紅花要有緑葉配”。范元芳夫婦的生活也是這樣。范老師的丈夫是名滿天下的 ASCOT CHANG（詩閣）原總經理張德祥先生。他們夫婦幾十年來，一個專注西裝，一個專注旗袍，從不穿 T 恤和牛仔褲。窗外服飾的“改朝换代”，他們視而不見，頑固地生活在老上海人的“原生態”中。這種忘我的專注與投入，一晃就是半個多世紀，不能不令我感嘆他們内心世界的强大。

而且，他們與人爲善，與世無争，宅心純厚，常做善事。他們紅花緑葉，五十年來相輔相成，形成了一組特殊的“家庭交響曲”，這理應也是他們成功的一個重要因素。ASCOT CHANG（詩閣）早已路人皆知，而范老師的旗袍故事，就寫在這本書裏，但願大家喜歡。

是爲序。

宋路霞

Chapter 1 第一章

香港中環『遊走』的珠光寶氣

如果你在香港中環、金鐘一帶，看到一位身穿漂亮旗袍，身上項鍊、耳環、戒指、手鐲一樣都不缺的太太，不要奇怪，知情的朋友會告訴你：『這肯定是張太，ASCOT CHANG董事張德祥的夫人范元芳。』她已經我行我素地『遊走』了半個世紀。

1964年之前，范元芳女士還是上海灘最繁華的街道南京路上，匆匆來去的一個小姑娘。她家住在南京西路96弄4號，附近就是國際飯店、大光明電影院、長江劇場、人民廣場、人民公園、上海圖書館……雖說那時已經不是舊上海的燈紅酒綠、雲香鬢影和滿街脂粉，但是大上海『老底子』骨子裏無聲無息、無處不在、始終如一的氣息和腔調，分分秒秒，已經爲她的生活，鋪上了最初的底色。以至于若幹年之後，『懂行』的人一看她，就知道她是上海人。

之所以要匆匆來去，因爲她13歲，已經成爲『一家之長』。她的父親范錦輝先生（老一代工商業者），早在1958

右圖：青年范元芳

范元芳青年時代

年已經去了香港；1961年，她的母親姜秀瑛帶着最小的弟弟范思澤也去了香港，與父親團聚；她的大姐范元明考上清華大學，去北京讀書了；大哥范思忠服從分配，去福建工作了。家裏衹剩下她和大弟弟范思浩。年僅13歲的范元芳，因爲她是姐姐，于是掌管了『全家』的生活。那時她還是個學生，小學讀鳳陽路小學，初中讀第六十七中學，除了功課，回家還得買菜、燒飯、洗衣服、打掃衛生……過去家裏保姆做的事情，現在由她來執行。一切從零做起，一切都必須快節奏，一切都是不由分說。

送走了母親和小弟，回到空蕩蕩的家，她立馬明白了家庭的處境和自己肩頭的責任，她決心當好姐姐，照顧好大弟弟，請父母親放心。一向文靜的她一下子變得快人快語，動作麻利，頭腦活絡，處事謹慎，而且學會了與老師、同學、鄰居、街道幹部、裏弄小組長等等搞好關系。

1964年，她的生活發生了重要的轉折。父親終于申請到了兩張『赴港通行證』，她和大弟弟興奮地乘上火車南下，兩天兩夜，夜不成寐，來到廣州、深圳，終于邁過羅湖口岸那座神秘的木橋，來到了夢中的香港。

來到父母親身邊，她繼續讀書。她喜歡文學、藝術、音樂和京劇，尤其是中國古典文學和近代小說，書中和舞臺上的人物及場景，總能在她的腦海中形成一個版本又一個版本的『連續劇』。『劇』中的主角，常常是一襲漂亮的旗袍，一身令人眼花繚亂的光澤……

范元芳的父親范錦輝先生

范元芳的母親姜秀瑛女士

幾年後，她高中畢業，又在一所商業專門學校進修了兩年，然後進入職場——在他父親與朋友合伙開設的一家證券公司擔任財務。于是，她開始在香港最繁華的中環、金鐘、灣仔一帶，匆匆來去。

從1971年到1983年，她在父親的證券公司工作了12年。這期間，又一個重要的轉折神不知鬼不覺地靠近了她，悄悄改變了她的服飾——她被旗袍的神韻徵服了，一往情深，其他衣服都看不上眼了，變成了一位『旗袍人』。

最初，她年輕，身體微胖，市場上的成衣總是不够合適，色彩和款式也距離『老底子』上海人的審美理念甚遠。她很不舒服。有一天，師母陳天真女士（1928-2015，老上海百樂門老板顧聯承先生的兒媳、顧森康先生的夫人）一個不經意的提醒，意外地撞開了她的『腦洞』，摇醒了一個舊夢，那是沉睡內心多年的、朦朦朧朧的藝術憧憬。

師母說：『一般的衣服穿着不合適，可以穿旗袍嘛。旗袍可以量身定做，我看你的身材是適合穿旗袍的。』是嗎？那就穿穿試試看吧！從此師母除了教她證券業務，還成了她的旗袍『教父』。

右圖：初穿旗袍的范元芳

范府宴客

師母陳天真是穿旗袍的行家，她是江蘇人，從小在上海長人，入讀著名的聖約翰大學，有校花之譽。大學畢業後從事過會計職業，還是經營股票的好手，1948年與丈夫定居香港，1968年以後，與范元芳的父親范錦輝先生合開一家證券交易所。她終身喜歡穿旗袍。她的旗袍不僅數量多，而且面料考究，花色繁多，做工精細，全是真絲或毛料的。旗袍穿在她身上，顯得十分典雅。（老人家身後留下的旗袍，其中有15件，由她的兒子顧家璉先生從香港帶到上海，捐贈給上海老旗袍珍品館，此乃後話。）

20世紀六七十年代，正是香港的旗袍行業如火如荼的時期。那時大陸穿旗袍的風氣已經式微，而香港一地却得天獨厚，生意興隆，新面料和新款式層出不窮，彌敦道、旺角一帶，馬路兩邊的大小絲綢店和旗袍店，一家挨着一家，引得散居在世界各地的名門閨秀和職場麗人，每年都來香港定做旗袍，因爲那時，很多過去在上海做旗袍的老裁縫，已陸續隨他們的老客户來到了香港，租屋開店，新老客户雲集，久之，香港成了繼上海之後的第二個旗袍製作中心。

不僅是旗袍業，西裝業也是如此。20世紀40年代末和50年代，國内男裝開始風行中山裝，西裝不再受到追捧，于是西裝業界人士逐漸從上海移居香港，重新開拓市場。范元芳的丈夫張德祥先生的大哥張子斌先生，就是在此背景下，離開上海去香港創業的。

左上：當年，范元芳的父親、母親與弟弟
左下：當年范府宴客

據香港歷史博物館出版的《百年時尚：香港長衫故事》一書介紹，經香港工會統計，在20世紀60年代初期，香港一地從事旗袍業的竟有1000多人，開設了200多家旗袍店。在1967年香港出現『省港暴動』，引發大批香港居民移民海外時，臨走之前，大户人家需要定做一些旗袍帶走，

那時起碼要等上3個月才能拿到旗袍。可見旗袍風氣之盛。同時，隨着社會時尚和經濟的發展，香港一地在旗袍的製作工藝上也突飛猛進，珠綉旗袍、珠片綉旗袍和盤帶綉旗袍等高檔旗袍，很快在上流社會蔚爲大觀，成爲大家閨秀們結婚、慶生、參加重要活動的服裝首選。

若幹年後，范元芳、張德祥夫婦與恩師陳天真女士

青年范元芳

范元芳步入旗袍天地時，正是面對這樣一片旗袍行業的艷陽天。她興奮極了，雖然當時她很年輕，但已經覺得自己越來越離不開旗袍了。彌敦道上的四海綢布店、萬邦綢布店……都是既賣面料又做旗袍的老店家，高手雲集。最初是師傅帶着她去選面料、看款式、量尺寸、試穿旗袍，到後來，她的空餘時間，幾乎全泡在店裏了。

她與旗袍店的老板交朋友，常常瀏覽店裏各式各樣的旗袍，細細琢磨着旗袍工藝、旗袍面料與旗袍品位的微妙關系，挑選最適合自己的面料和旗袍款式，一磨蹭就是大半天。店裏來了什麼好看的新面料，她總是最先知道；街上出現什麼新的旗袍款式，她也會很快獲得『情報』。那熱情，那專注，那沉迷，那神往，那當仁不讓……好像全香港的旗袍店都是她的『朋友圈』。

果真名師出高徒。

范元芳，青出于藍而勝于藍。

Chapter 2

第二章

『頑固』地活在老上海的潛規則中

作為寧波『天一閣』的後代，她總是穿旗袍；作為香港頂級西式襯衫ASCOT CHANG的高管，丈夫總是西裝領帶。夫婦倆一生沒有穿過T恤及牛仔褲。他們不追求新潮，不追求時髦，全不顧窗外服飾的『改朝換代』，『頑固』地生活在

老上海人的潛規則中。什麼是高雅？什麼是尊貴？什麼是合體？全憑自己的理解和實踐。

右上：寧波天一閣大門
右下：400多年歷史的天一閣藏書樓

天一閣
世澤長期子姓賢
高閣凌虚有清流激湍

天一閣的假山和園林

寧波范文虎國醫館

范文虎
神農始嘗
建館记

范元芳從小生活在一個古老傳統氛圍非常濃鬱的大家庭。遠在天邊的寧波『天一閣』，是范家祖祖輩輩的精神支柱。

范氏在寧波是大姓，祠堂有大祠、小祠之分。范元芳的曾祖父范文虎（1870—1936，原名范文甫），是無數范家杰出後代中家喻户曉的一個典型，是當地中醫界的領軍人物。至今在寧波市中心的滄海路上，還有『范文虎國醫館』。這個國醫館是老人家1898年創辦的，100多年來，老先生的弟子和再傳弟子，在館裏研究醫術，開設中醫内科及針灸、推拿等門診，發揚老人家仁術濟世、澤及桑梓的良醫精神，使老人家的醫術代代相傳。

范文虎老人自幼聰慧好學，才智過人。他性情豪爽，口無遮攔，年輕時科舉遇阻之後，一氣之下，絶意仕途，弃儒從醫，歷有『中醫豪杰』『寧波狂醫』『醫林怪杰』之譽。如今，國家的中醫學檔案中這樣記載他：『執醫四十餘年，蜚聲杏林，門墻桃李，遍及江浙，爲近代著名醫學家』，他『先由傷科起家，繼而内外兼攻，名揚甬上，遠及上海。著作存有醫案70餘册及《外科合藥本》一册』，『當地人稱他是醫、詩、書三絶』，即文師昌黎、字摹右軍、醫宗長沙』……他的醫案原稿和370餘首詩稿，在他身後均入藏『天一閣』。

老人家的志向是『不爲良相，寧爲良醫』。他曾親撰對聯懸挂堂上：『但願人皆壽，何妨我獨貧。』治病因人因時而异，不泥古、不背今，處方常有獨到之處。他尤其善于

左圖：范文虎國醫館内門

觀望病人的臉色、氣色，所以一般病人一走進門來，他已經對其病心中有數了，因而還獲得了『陰陽眼』的戲稱。

1919年，他發起成立了寧波中醫學研究會，出任會長，還辦了中醫學堂，培養青年才俊，如今他的弟子及再傳弟子，已是各大中醫單位的棟梁之材。

1927年，寧波一地暴發霍亂，沿街各家，死人無數，城中百姓，人人自危。范文虎挺身而出，在大沙泥街開設時疫醫院，安排了200張病床，收治垂危病人，還在船碼頭等公共場所散發治療霍亂的藥方，并邀請上海名醫祝味菊先生前來協助，兩人共同研究出了對症的良方，救人無數……這期間，他還與章太炎老先生書函往來，共同研討治病良方。

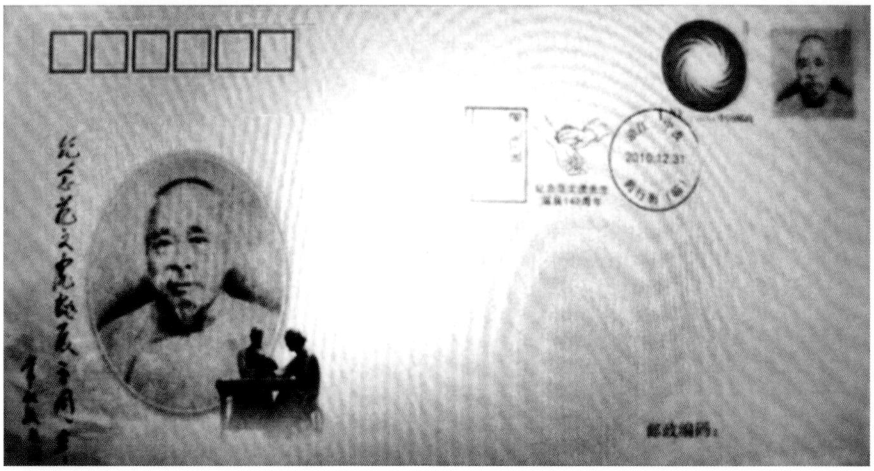

右圖：2010年，寧波市郵政局和寧波市中醫藥學會發行紀念《范文虎誕辰140周年》紀念封一枚，由寧波市政協副主席常敏毅題字

左圖：范文虎國醫館內院

寧波藥皇殿裏的范文虎銅像

老人家留下的醫案文稿，內地改革開放後由浙江省中醫研究所和寧波市中醫學會整理成集，《范文虎醫案》于1982年出版，2006年人民衛生出版社重印。2010年，爲了紀念老人家的杰出貢獻，寧波市郵政局和寧波市中醫學會發行了《紀念范文虎誕辰140周年》紀念封，由寧波市政協副主席常敏毅題字。2020年12月28日，爲紀念范文虎誕辰150周年，浙江省中醫藥學會、寧波市中醫藥學會、寧波市民營中醫醫療機構行業協會等單位，聯合在寧波天一廣場的藥皇殿內，爲范文虎銅像舉行了隆重的揭幕典禮。還成立了范文虎國學文化商學院，定期舉辦中醫文化大講堂講座，大講堂裏懸挂着橫幅『傳承范文虎中醫文化，弘揚新時代科技風尚』。

由此可知，老人家對中醫學的貢獻早已載入官方史册。然而在民間，還有許多民間的紀念版本。老百姓特有的紀念方式，就是那些豐富而生動、活在市民百姓口頭，并且代代相傳的故事，更能形象地説明老人家的醫德和品性。

老人家心地善良，講究醫德，不僅對病人，對學生也是如此。他把自己的行醫經驗對學生全盤托出，不留『私貨』，不僅傳授自己成功的經驗，甚至把自己失敗的教訓也如數告知學生，甚至寫入他後來遺留後世的《范文虎醫案》。

1973年，他們開始了新的生活

他憤世嫉俗，非常同情窮人，扶貧濟弱，對窮人盡量少收費，甚至不收費，人家門診費收六角，他衹收四角六分。窮人可以拿着他的方子去『陳得生號』藥號拿藥，到年終藥號跟老先生結賬。街上的警察看到他的轎子飛奔過來，就會急忙指揮路人讓道，知道他又去救人了。而對富商及達官貴人則毫不客氣，一律『高價』，瞅準機會還要嘲諷一通。他嬉笑怒駡，皆成文章，從來不怕得罪人。傳説軍閥張宗昌慕他醫名，也曾請他前來看病，被他輕而易舉地嘲諷了一番，周邊幕僚均爲他捏了一把汗。

范元芳的祖父范禾安（1899—1973）繼承了家學，民國年間從寧波到了上海，成爲上海名醫，1962 年被聘爲上海市中醫文獻研究館館員……

范文虎老太爺當年何曾料到，如今他的醫術有人傳承，而他那我行我素、一不做二不休的豪爽秉性也有人傳承！

他的曾孫女范元芳在旗袍天地，像是從事一項事業，像是去完成一項使命，以個人的實踐精神，别無旁顧地走出了一條獨特的路子。她無止境地追求完美、追求精致、追求卓越。爲了旗袍的完美，不惜重金去定做與之最佳配套的物品，諸如定做皮鞋、定做首飾、定做皮草、定購襪子和眼鏡。她的雨傘，不僅顏色要與旗袍相配，神韵也要相匹配。她從來不穿 T 恤和牛仔褲，窗外的『新潮』在她的生活裏排不上號，她始終頑固地維護着旗袍的『神聖地位』，堅守着上海灘『老底子』的高雅、精致和講究。把旗袍穿得中規中矩，使之符合中國人的氣韵，似乎是上蒼賦予她的使命。

范元芳婚紗照

范元芳、張德祥夫婦結婚照

轉眼間，兒子女兒長大了

張家『詩閣』的創辦人、
張德祥先生的大哥張子斌先生

劉德華爲張家『詩閣』題寫的中文店名

無獨有偶，她的丈夫張德祥先生也是『一條胡同走到底』的『老古董』，一生生活在老紳士的氛圍和理念中，不僅不穿T恤和牛仔褲，連短袖襯衫也不屑穿。他有兩個非常氣派的衣櫥，一櫥一長排挺括的深色西裝，一櫥一長排清麗而淡雅的長袖襯衣。即便是在家裏接待客人，他也是一襲西裝。在他看來，衣着得體很重要，這既是尊重別人，也是尊重自己，這是一個人的品位。

原來，張先生是浙江奉化人，1957年從上海來到香港，在香島中學讀書一年後，就跟隨大他20歲的大哥張子斌先生學西式襯衫生意。那時，大哥的7個孩子都在讀書，加上新來的弟弟，就要養育8個讀書人，張德祥覺得大哥太辛苦了，遂中斷了學業，到大哥店裏當學徒，晚上到易通夜校補習英文和文化知識。憑着勤奮和智慧，他很快成爲大哥的好幫手。一晃半個多世紀過去了，他的職業與個人生活氣息已經完全融爲一體。

張先生的大哥張子斌先生是個傳奇人物。他14歲時離開家鄉，從浙江奉化溪口的一個偏遠落後的山村，到上海當學徒，跟隨奉幫裁縫名師學做西裝生意。學徒生活非常艱苦，却未能磨滅他的堅强意志。由于師傅的客户全是豪門富商，張子斌在學徒生涯中不僅學得精湛的手工製作技藝，形成了自己的風格，也擁有了一批高貴的客户。1949年，他的很多客户轉到了香港，他也隨之來到香港，并在1953年創辦了自家的門店。

To All at Ascot Chang
Best Regards

張德祥（左一）、侄子張宗祺（右二）等與他們的客户美國前總統老布什

張德祥先生與他的老客户
前美國總統老布什

張家在香港的門店就是**ASCOT CHANG**，中文名字最初叫『新星』，後來改叫『詩閣』（店名由著名影星劉德華題寫），是商界公認的香港頂尖的男裝品牌店。最初門店開在尖沙咀金巴利道，不到**10**年，就憑着優良的品質和服務成爲香港家喻户曉的著名品牌店，先後在半島酒家、太子大廈、麗晶大酒店、四季酒店開設了分店。**1969**年，他們走出香港，到歐洲和美國巡回推廣，在紐約、洛杉磯也開設了分店，最興旺的時候共開有**14**家分店，是香港襯衫業著名的老字號。

他們在世界各地擁有很多著名的客户——著名建築大師貝聿銘、**NBA**球星格蘭特·希爾、歌星保羅·安卡、好萊塢導演吳宇森等，甚至美國前總統老布什也是他們的客户。當年老布什在北京出任美國駐北京辦事處主任時，曾專程從北京飛到香港，到他們**ASCOT CHANG**（詩閣）店裏定做襯衫。紐約作家**Zagat**曾在一本書裏風趣地寫道：『看見穿詩閣襯衫的男士，就嫁給他吧！』

大哥張子斌對這個小他**20**歲的弟弟非常關照，像慈父一樣關愛，不僅把製作各式襯衫的全套手藝傳授給他，還教他經營和推廣，使他掌握了商場拼搏的全套本領，恩重如山。張德祥也不辜負大哥的期望，不僅手藝學得好，英語基礎也打得很好，**1969**年他們在世界各地擴大經營時，派上了大用場。大哥明白他是個可造就之才，寄予厚望，在他結婚時，給了他一部分的公司股份。張德祥、范元芳夫婦始終銘記大哥、大嫂無微不至的關懷，嚴于律己，寬厚待人，贏得了很好的口碑。

右圖：張家『詩閣』三代人，左起張宗豪、張德祥、張宗祺、張亦庭

白頭到老，却永遠不老

TREE MAKES
EASANT SHADE.

張先生與范元芳似是上蒼安排的天生一對。他們1973年結婚後，生有一兒一女，去年正是50年金婚紀念。50年來家庭生活的氛圍始終如沐春風，原因也簡單，因爲家庭生活的主要內容：吃飯、穿衣、育兒，他們『腔調』完全一致！

連他們自己也感到有些奇怪，怎麼會有那麼多的共同之處？怎麼會有那麼多的相輔相成？妻子喜歡看丈夫穿西裝，怎麼看『腔調』都正宗。丈夫喜歡看妻子穿旗袍，妻子的旗袍已經滿滿四個衣橱，配穿旗袍的皮鞋也占滿了兩個鞋櫃，至于配穿旗袍的各種首飾，連她的丈夫也不清楚，她到底擁有多少。

上圖：人間最美的事情就是心心相印

左圖：恩愛夫妻 五十年
右圖：恩愛夫妻百事樂

左圖：兒子結婚，心心念念

右圖：西裝與旗袍的美麗交響

左圖：相顧一笑，福報即到

右圖：爲先生60歲慶生

左圖：第50次同切結婚紀念蛋糕　右圖：50年風雨 共同走過

左圖：天作一對，地成一雙

右圖：相輔相攜，走過每一天

Chapter 3

第三章

用四個『專門定製』來詮釋旗袍之美

旗袍在她心目中幾乎是神聖的，不可以隨便亂穿，不可以隨意搭配，不可以褻瀆，必須用最美好、最合適、最得體的物件來與之相配。於是，除了旗袍是專門定做的，配穿旗袍的皮鞋、皮草、首飾，全是專門定製，甚至雨傘、眼鏡和襪子也要與旗袍顏色相配。

范元芳25歲那年開始穿旗袍，從此一發不可收，走上了一條獨一無二的、追求旗袍之完美的漫長之路。

最初是穿普通旗袍，緄一條邊，120元一件。後來要求高一點，200元一件。20世紀70年代初，隨着香港經濟和貿易的不斷發展，中環、尖沙咀、彌敦道一帶的百貨公司、國貨公司，諸如連卡佛公司、先施公司，以及利源東街、利源西街，都有專門經營綢緞面料的部門，各種新款面料、進口面料，棉的、絲綢的、緞面的、毛料的、絲絨的、蕾絲的……令人眼花繚亂。生意興隆的街市，促成了一道道女士們周日結伴逛街的靚麗風景。

右圖：三條緄邊，顏色和寬窄都要搭配合適

自然，面料越好，做工就越貴。20世紀80年代初，剛畢業的香港大學生月薪衹有2000多元，而上海裁縫開的高級旗袍店，一件旗袍的工錢動輒就要超過1000元，有的竟要2000多元。到2008年范元芳的兒子張宗豪結婚時，緄三條邊的旗袍僅做工就要8000元了，還需自備面料。然而范元芳的性格是，衹要是頂級的質量，物有所值，那就不需要計較價錢。

她的眼光非常挑剔，不僅料子要高端，質地要好，顏色、花卉要令人舒服，要有喜慶感，有藝術感。尤其是旗袍的領子和緄邊，除了裁剪，那是最考驗裁縫手藝的硬功夫，不是隨便可以過她這一關的。因爲，她是懷着理想和標準去『審視』店鋪的，本性『疙瘩』，并非所有的店鋪都能入她的『法眼』。

她越穿旗袍，越覺得旗袍像個美麗的神靈，是上蒼恩賜給中國人的藝術品，衹有中國人才能穿出它的韻味。但是稍有不當，就會感覺別扭，就會感覺不舒服，必須認真處理好每一個細節，才能合適、得體、上品。從根本上説，她需要的旗袍，必須具備老上海南京路上高端旗袍的品位和神韻，甚至需要更加完善和精緻，才能够令她心安，因此一般的店鋪很難滿足她的要求。

右圖：三條緄邊，顏色搭配很有講究

多年磨合下來，她最終成了彌敦道上『四海』綢緞店和『萬邦』綢緞店的老客户。每到周末，如果她不在家裏，八成又到綢緞店裏去了。她們的話題永遠説不完，不同的面料、不同的款式、不同的細節、不同的處理方法……

關于旗袍的緄邊，那是最能吸引行家眼球的地方，很能説明一件旗袍的品位。緄邊緄得好，弧度優美，綫條流暢，色彩配得協調、匀稱，旗袍的精神氣兒就像出水芙蓉一樣，頓時就突顯出來了。一般旗袍衹需一條緄邊，而范元芳常常需要三條緄邊。

三條緄邊裏面又有學問。首先三條緄邊的顏色要選擇好，協調好，同時，這三條緄邊形成的整體，還要與旗袍的色彩相配合，才能達到相輔相成、格外出彩的效果。范元芳似有色彩配置的天賦，她經常從旗袍面料的色彩中選取三種相似的顏色做緄邊，但是三種顏色的排列，又是各人憑各人的眼光。有時候，很有經驗的老師傅出手的方案，都未必達到最佳，范元芳就親自參與設計，出來的效果果然令人眼前一亮。

右圖：三條緄邊，顏色的排列也有講究

左圖：緄邊的顏色可以相輔相成，也可以相反相成　右圖：三條緄邊，隱隱約約

如果旗袍是一種顏色的，那緄邊就更有講究了，比如是大紅顏色，那她就配上銀色的緄邊。如果旗袍是寶藍色的，那就配上橙色的緄邊……畫龍點睛，全憑她的『第六感覺』。四海綢布店爲她做旗袍的師傅，已經換了四代人了，最後一代師傅很快也要退休了，但是爲了范元芳這個旗袍老行家，寧肯推後3個月再退休。

關于旗袍的開衩，也很有講究。范元芳的旗袍開衩總是在膝蓋下面4–6寸的地方，她認爲開衩太高不够雅觀，從前大家閨秀的旗袍開衩，都是在膝蓋以下的。

她對旗袍之美的追求，常常令人難以置信。鏡子裏的她，總能發現不够完美的地方，比如皮鞋。早晨起來穿好旗袍，就要配穿皮鞋，但是店裏買來的皮鞋，説不出哪裏有什麼問題，但是與身上的旗袍一配，不是顏色不對就是款式不對，總覺得不够和諧，她爲之心煩。

爲了配好皮鞋，她動了很多腦筋，跑過很多皮鞋店，包括去著名的意大利皮鞋店觀摩皮鞋。但是皮鞋店裏的皮料顏色很有限，不外乎黑色、灰色、藍色、棕色等，都是適合一般客户需要的顔色。但是范元芳絶對是一個特殊的客户，她的旗袍五顔六色，皮鞋店無法提供五顔六色的皮革面料，于是她不得不另外再動腦筋。

左圖：三條緄邊的藝術效果

20多年前，有一天她突發奇想，既然旗袍可以定做，皮鞋爲什麼不可以定做呢？如果把旗袍的面料截下來一塊做皮鞋的面料，那效果會怎樣呢？那時她家住在港島跑馬地，市面好的時候有不少皮鞋店，她就挨家挨户去跟老板商量，能否用絲綢面料來定做皮鞋？以求與旗袍相匹配。

皮鞋店老板大吃一驚，他們從來没接過這樣的生意，絲綢面料怎麼『貼』到牛皮上呢？怎樣做才能伏貼不變形呢？還有鞋的裏襯，她要求是絲綢的，顏色要與皮鞋表面的顏色相近。還有鞋跟，要做得非常精致，從上到下，弧度要優美……一家不行，再找另一家。

她的執着決定了她的成功。皮鞋店老板終于被她感動了，答應試一試。結果做出來的全國唯一的『旗袍皮鞋』，果真精彩靚麗，令人叫絕，配上相同面料的旗袍，那種相輔相成、典雅高貴的整體感，絶不比那些世界名牌服裝遜色，無意中，一下子又提升了旗袍的品位。

范元芳高興極了，一不做二不休，以後凡是定做旗袍，就必定要定做一雙同樣面料的皮鞋，盡管價錢很貴，但她覺得值得，這樣才不虧待她的寶貝旗袍。如今看看她的『旗袍皮鞋』，竟占滿了兩個鞋橱。與這些皮鞋相配的襪子是從香港的專門店買來的。

右圖：皮鞋與旗袍相互幫襯

可惜隨着香港房地產業的騰飛，跑馬地一帶店面房子的租金也跟着起飛，皮鞋店老板承受不住壓力，一家家地關門了。范元芳衹好『另起爐竈』，終于在金鐘地鐵站的上面，找到了一家能够符合她要求的店家。老板的服務態度非常好，可以不厭其煩地與之討論『旗袍皮鞋』的各種問題，直到她滿意爲止。這些年來，他們始終保持了良好的『討論』關系，一直到現在。

如今打開范元芳的鞋櫥，那真是令人眼花繚亂：紅花的、紫花的、緑花的、藍花的、大花的、碎花的……面料有絲綢的、絲絨的、緞面的、蕾絲的……鞋頭有尖頭的、圓頭的、方頭的……鞋跟有尖高跟、寬高跟、中跟……若問她，這皮鞋的款式與旗袍之間有什麼『約定』的搭配嗎？她的回答是：『全憑當時的感覺。如果當時的感覺出了偏差，後來感到應該換一個款式更好，那麼就換一個款式，重新訂做一雙。』爲了把旗袍『安置』妥當，她真的是『千金散去還復來』啊！

不過高跟皮鞋曾經給她帶來過傷痛。有一次從朋友家出來，在下臺階的時候，不慎摔了一跤。『傷筋動骨一百天』，令她非常痛苦，于是想到這鞋跟的重要性。高跟皮鞋對于上了年紀的人來説，是不够安全的，因爲穩定性差了，最好穿中跟的皮鞋，而且後跟要適當地寬一點，以增加穩定性。

右圖：這樣的皮鞋，被朋友們譽爲『旗袍皮鞋』

左圖：皮鞋如果不是專門定做，效果會怎樣

右圖：皮鞋配得好，旗袍更精神

左圖：紅背心配紅皮鞋

右圖：什麼樣的旗袍，就配什麼樣的皮鞋

旗袍也分春夏秋冬的。春秋還好說，夏天和冬天，就需要另有『配置』。香港的夏天烈日炎炎，但是室內、室外冰火兩重天，越是大型商場、飯店和公共場所，冷氣越是鋪天蓋地，太太們不得不加衣服。自然，女士們會在旗袍外面加件外套，也會定做旗袍套裝。

同樣是旗袍套裝，但范元芳的旗袍套裝與衆不同，她有四種『規格』。第一種是長袖；第二種是中袖；第三種是背心；第四種是皮草。長袖外套有的是定做的旗袍套裝，有絲綢的、絲絨的、蕾絲的等。顏色有的是相輔相成，有的是相反相成，比如紅與黑，永遠是最佳搭檔。有時候她在服裝店裏買到一件稱心的上衣，回來後就會動腦筋，去爲這件上衣配一件合適的旗袍，即便是從置地廣場的意大利名牌店『聖約翰』買來的高級外衣，也必須配上中國旗袍，才能心定。

長袖外衣有時候感覺臃腫，那麼就做中袖。中袖有時也嫌多餘，那麼就做背心。她的『旗袍背心』五花八門，并非一對一，有的可以配穿好幾件顏色相近的旗袍，都是經過精心設計的。

右上：范元芳與她的旗袍鞋櫃

右下：皮鞋與旗袍相配了，她才感覺心安

旗袍在冬天的配置比較麻煩，配不好就顯得臃腫。有錢人家的太太多數會配穿貂皮大衣或狐皮大衣。范元芳也喜歡皮草，但她不是穿貂皮大衣，而是定做中袖或者短袖的貂皮短外衣。這又是一大發明！全港没有第二個人這樣穿皮草，此舉又令皮草店老板睁大了眼睛。

范元芳有她過人的細心和精明，她覺得貂皮大衣會將旗袍的韵味全覆蓋，而短的貂皮外衣一則可以保暖，同時也保留了旗袍的『地位』。更何况，冬天在户外的活動時間很短，即便外出也是乘自家轎車，車子裏有暖氣，因此中袖或短袖的皮草篤定可以解决問題。這樣的搭配，使冬天的旗袍又多了一層高雅和情趣。

參觀范元芳的皮草衣橱，又是一番别樣的景觀。人家的皮草大多數都是黑色的、棕色的，或者灰色的，而且大多是長大衣或者短大衣，用以冬天御寒。而范元芳的皮草是五顔六色的，除了黑色和咖啡色，還有紫色、藍色、淺棕色，以及黑色與棕色拼花、黑色與紫色拼花……款式也與衆不同，没有長大衣，都是短小精幹的短袖、中袖、背心，以及大翻領的皮草外套。可知她穿皮草，一方面是爲了御寒，但是更主要的目的，還是要與她那些寶貝旗袍在冬日裏相配。

右圖：玫瑰色的旗袍套裝

左圖：旗袍套裝，紅與黑

右圖：名牌上衣配上旗袍，儼然高檔旗袍套裝

左圖：絲絨面料的旗袍套裝　右圖：綠色雜花旗袍套裝

左圖：名牌店買來的上衣，配上旗袍更有品位

右圖：黑絲絨旗袍配花絲絨背心

左圖：紅與黑是永遠的搭檔
右圖：旗袍背心，在秋天的香港很適合

左圖：別出心裁的顏色搭配

右圖：又一件名牌上衣，配上旗袍更上品

TAI TONG HANDICAP

左圖：有感于圍巾的漂亮，也去配一件旗袍　右圖：紅色碎花旗袍套裝

左圖：紅與黑的旗袍套裝　右圖：絲絨旗袍套裝

這樣穿皮草，還有第二人嗎

皮草的花紋盡可能與旗袍的顏色相配

皮草的顏色要根據旗袍的需要去選定

皮草與旗袍，色彩配得真好

左圖：蝴蝶型的髮夾，鑲嵌了翡翠

右圖：皮草做成中袖，盡可能給旗袍留更多的『份額』

范元芳從小頭髮濃密，需要一個髮夾。這個髮夾在整體旗袍形象中，祇應該加分，不可以減分。那麼到哪裏去買合適的髮夾呢？什麼樣的髮夾才適合配旗袍呢？髮夾與首飾又如何相配呢？找來找去，她走進了珠寶店，請珠寶店老板爲她定做鑲嵌了翡翠或鑽石的髮夾，因爲她的首飾大多是翡翠或鑽石的。此舉無疑令珠寶店老板再次對她刮目相看——她多年來定做的首飾已經够多了，現在又要定做髮夾。別別頭髮的髮夾嘛，一般都是小女孩用的，值得這麼講究嗎？

難怪香港的唐媽媽（著名實業家唐翔千先生的夫人）直接叫她『珠光寶氣』，也難怪初次見她『旗袍正裝』出現的朋友們，總是免不了要多看她幾眼。她的首飾與髮夾配得太精彩了——晶瑩剔透的翡翠髮夾，像祇綠色的蝴蝶，在她那一頭烏黑的卷髮的波浪間展翅；項鏈吊墜上一片經過雕飾的翡翠，象徵福禄壽喜，穩穩地在旗袍領子下閃光……

現代女性一般都不使用傳統髮夾了，髮型也千變萬化。但是范元芳是沉浸在老上海『原生態』中的人物，她認爲傳統的髮夾雖然現在不時興，但是有其獨特的『特异功能』：一來可以控製濃密的頭髮的『走向』；二來可以與胸前的項鏈及手腕上的手鐲相映照，形成『三位一體』的晶瑩格局。如果少了髮夾，對于頭髮濃密的她來說，總覺得單調了一些。

右圖：翡翠髮夾和首飾，配綠花旗袍

她的髮型多年不變，隔天就要去打理一下頭髮。頭一天洗頭，第二天梳頭，這是她多年來的生活習慣，她每天都必須保持端莊、清麗的儀表，這既是尊重生活、尊重別人，也是尊重自己、堅定自己生活的信心。爲她打理頭髮的理髮店老板也是多年不變，熟知她的品性，成了老朋友。

各式翡翠髮夾，是她配穿旗袍的又一『絶技』，全國恐怕找不出第二個。自然，佩戴珠寶首飾是她中年以後的事情，她覺得人在年輕的時候，氣韻還配不上高貴的珠寶，資歷和氣場都不够。中年以後就不同了，衹要認真協調、配套，就能戴出中國人特有的神韵。她始終爲自己是個中國人而深感自豪，她認爲翡翠最能够體現中國人的高貴與優雅，而中國旗袍是世界上最美的服裝。

關于旗袍的開衩，也很有講究。范元芳的旗袍開衩總是在膝蓋下面4-6寸的地方，她認爲開衩太高不够雅觀，從前大家閨秀的旗袍開衩，都是在膝蓋以下的。

筆者有幸參觀了范元芳的首飾。那是一組一組地安放在一個個大小不同的、款式各异的首飾盒裏的寶貝，各式項鏈、耳環、手鐲、髮夾……不是金碧輝煌，而是銀碧燦爛，因爲純金飾品很少，基本都是鑲嵌了鑽石和翡翠的飾品。這些寶貝都是爲旗袍服務的，什麼色彩的旗袍要配上相應的首飾，她絲毫不馬虎。

右圖：翡翠髮夾與旗袍套裝

翡翠髮夾與首飾，使上衣的花邊幾乎也變成了翡翠

绿色旗袍套裝配翡翠髮夾

紅綠黑，色彩鮮明靚麗

項鏈、髮夾、眼鏡，與上衣的修飾一起閃光

深色的旗袍配上淡色的首飾，很搶眼

左圖：眼鏡與旗袍，流淌的色彩　右圖：眼鏡與旗袍顏色要協調

還有眼鏡呢！眼鏡的款式和顏色也不能馬虎，也要有合適的套路，于是眼鏡店老板又多了一個特殊的生意，爲她選擇不同款式和顏色的眼鏡。

雨傘也不能馬虎，一旦出門需要撐傘，那顏色一定要與旗袍相配。所以打開她家的傘櫃，哇——又是一片彩色世界。朋友們說，范元芳的四個『專門定製』，是不是穿旗袍的『四大發明』啊？

其實，『專門定製』也好，『四大發明』也好，都離不開人的美好身段。穿旗袍對人的身段要求很高，過胖和過瘦都不利于展現旗袍之美。范元芳常年保持體重在116到117磅左右，至今頭腦靈活，反應靈敏，手脚快捷，毫不臃腫。她的一個『訣竅』就是嚴格控製飲食，每餐衹吃七分飽，對自己要有製約，這樣，既保證了健康，也使旗袍之美得以呈現。

有了這四個『專門定製』和一個『訣竅』，范元芳的旗袍要不出衆也難啊！

右圖：紅底雜花旗袍套裝，配上紅框眼鏡

TAI TONG HANDICAP
"LUCKY DAY"
"PROFIT DAY"

眼鏡與背心的花色相呼應

Chapter 4

第四章

名媛老旗袍的大本營『元芳閣』

元
芳
阁

歲月如詩，愛心如歌，佛光高照……『元芳閣』橫空出世，為名媛老旗袍安置了一個新家。他們宅心淳厚，與世無爭，用自己的方式，努力把生活過成一首優美的抒情詩。除了旗袍，她最用心做的事情，就是如何把愛心播撒到最需要的地方。

2023年6月，上海著名的小區景華新村（巨鹿路820弄，建于1937年的歷史保護建築，原是寧波籍房地產大王周湘雲的房地產）內，挂出了『元芳閣』的牌子。上海旗袍界的姐妹們都知道，這是范元芳爲旗袍文化作出的一個大手筆——她出資贊助上海老旗袍珍品館，租下這裏的房子作爲該館的館舍，以便更好地保存和展示該館從世界各地收集來的老旗袍。

上海老旗袍珍品館創建于2008年，是一個挂靠在芝蓮福文化發展有限公司之下的非盈利性的民間組織，具體任務是收集、研究、展示、出版名門閨秀們穿過的海派老旗袍，以期用百年來最好的旗袍原件，詮釋和彰顯海派旗袍文化

左圖：『元芳閣』牌子不大，作用不小

的精髓，爲中國的旗袍歷史，提供巔峰階段的實物，也爲當前的旗袍設計和製作提供借鑒，努力爲海派旗袍的傳承作貢獻。

該館16年來，已經在海內外收集了600餘件名媛旗袍，每年都向市民免費展出。但是苦于在上海這個寸土寸金的地方，作爲一個非盈利性的民間組織，很難獲得固定的場地作爲館址，祇好把費盡千辛萬苦收集來的老旗袍，打入箱底，分別存放在三個負責人的家裏，一旦需要展出時，就拿出來整燙一下，展出結束後，重新再放回到箱子裏。

這樣做，存在一個很大的隱患，于老旗袍的保存極爲不利。因爲上海每年在春夏之交，氣候都非常潮濕，尤其是黃梅天來臨，老物件容易發霉。有經驗的家庭主婦會在三伏天，把箱子裏的衣物翻出來曝曬一下。但是老旗袍不行，因爲老旗袍大多是絲綢面料的，范元芳了解了這個情況後，覺得這樣下去不行，老旗袍原本已經『老』了，時間久遠，面料容易損壞，如果長期壓在箱底，更不利于保存，應當把它們從箱子裏解放出來，挂起來，保存在有除濕條件的衣櫥裏。

她本人的旗袍都是挂在衣櫥裏的，甚至在搬家的時候，也不捨得把旗袍打入箱底，而是雇傭了帶有一排排可以挂衣服的『衣櫃貨車』，把旗袍全部挺括地帶到新房子。

那麼，房子哪裏來？

中美旗袍愛好者在元芳閣參觀、研討

上海老旗袍珍品館與上海大學博物館等單位舉辦的旗袍展在上海圖書館舉行

范元芳斬釘截鐵地說：『我來贊助！』說此話的時候，范元芳與上海老旗袍珍品館的副館長宋路霞僅僅見過兩次面，兩次見面中間相隔了2個月。也就是說，她們才認識2個月，就要掏出大把的錢，贊助這個名不見經傳、僅有五六個人、也絕不會給她帶來任何經濟效益的小小旗袍館。

這是真的嗎？天上會掉下餡餅嗎？

按照普通人的思維，這確實有點玄乎，因爲這多少有點『危險性』。難怪當她的10萬元港幣匯到上海時，上海工商銀行普陀區一家支行的員工怎麽也不相信——才認識你2個月，你們又不是親戚或者老朋友，人家爲什麽要匯給你10萬港幣？那潛臺詞就是：你是不是在騙人家老太太的錢啊？！

一般來說，從香港匯港幣到上海，銀行不會查問的，但是有時也不免要抽查一下，看看有没有問題。范元芳的10萬港幣偏偏獲得『中招』——銀行需要知道，匯款人與收款人是什麽關係，這筆匯款有什麽用途等。然而很遺憾，銀行工作人員使用的是普通人的思維方式，而范元芳使用的是『旗袍超人』的思維方式。也怪宋路霞嘴笨，她在當中，站在收款人的位置上，怎麽也無法把這兩種思維方式『統攬』到一起。于是這第一筆贊助款，就不得不在上海工商銀行裏躺了20多天，害得范元芳丈二和尚摸不着頭腦——做好事怎麽也這麽難！

第三届沪港名
开

第三届滬港名媛老旗袍展開幕式

旗袍展每天觀衆如雲

第四篇章
第三篇章
名媛旗袍
神采各异

展廳一角

如今『元芳閣』已經出了名，沿墻四周的簡易衣橱裏存放了數百件名媛老旗袍，其中有宋慶齡家族、榮宗敬家族、盛宣懷家族、李鴻章家族、牛尚周家族、劉秉璋家族、顧維鈞家族、劉鴻生家族、寧波小港李家的老旗袍，還有吴健雄博士、趙四小姐、張幼儀、蔣士雲、賀寶善、王映霞，以及著名影星夏夢、李麗華等滬港名媛的老旗袍。常有國内外的旗袍愛好者及旗袍團體前來參觀、研討，這裏儼然成爲上海旗袍界一個極具特色的活動基地。談到此事時，范元芳總是淡淡地一句：『看到人家有困難，應該去幫助嘛！』或許她還没有意識到，她的這一幫助意義非同小可，填補了旗袍文化的一個空白，必將加載史册。

因爲在此之前，中國還没有一個海派旗袍文化博物館，甚至没有一個專門陳列、保存和展示海派老旗袍的公共場所，這無疑是旗袍愛好者和研究者的極大遺憾。而『元芳閣』的出現，彌補了這個缺憾，使得上海老旗袍珍品館歷盡十多年的辛苦和周折，從世界各地老一代上海灘名門閨秀的衣櫃裏，收集來的600餘件老旗袍（其中不乏有標準意義的巔峰之作），有了安身之地。

不僅是保存老旗袍，『元芳閣』還是一處小型的展示場所和旗袍文化的研討場所。從那以後，凡是上海老旗袍珍品館有了新的收獲，風聲傳出，都會『招蜂引蝶』般地吸引旗袍愛好者蜂擁而至。

其中展出了范元芳女士的三件旗袍套裝

范元芳與丈夫張德祥都是佛教徒，他們在 2000 年 4 月 22 日（佛曆 2544 年 3 月 18 日），皈依在香港觀宗寺覺光大師的門下。她的法名是『果滿』，張先生的法名是『果峰』。其實，他們在皈依佛教之前就一直在做好事、做善事，他們的心，早就沐浴在佛光裏了。尤其在扶貧助困方面，她一向豪氣萬丈，大有大丈夫『天下興亡，匹夫有責』的寬廣胸懷。

1979 年大陸剛剛改革開放，他們夫婦立馬返鄉省親。在寧波瞻仰了天一閣之後，他們繼續南行，前往張先生的老家浙江奉化溪口鎮。張先生的老家距離溪口鎮還有 20 多公里，當年是個非常貧困的小村落。1949 年以前，全家人祇有一畝地，吃不飽，穿不暖，張先生的大哥張子斌就是在這種情況下，14 歲就離鄉背井，遠走上海，去同鄉在上海開的服裝店學生意的。學成之後，自立門户。1949 年，他懷揣着僅有的 10 美元來到香港，開始了他的『襯衫王國』之夢。終于在 1953 年，于香港尖沙咀開設了自家的第一個服裝店，就是後來大名鼎鼎的 ASCOT CHANG（詩閣），1957 年把弟弟張德祥接出來……

可惜 20 多年過去了，張先生的家鄉還是比較落後，村裏没有公路，没有自來水，河上也缺少橋梁，小孩子上學讀書

若幹年後，范元芳與大哥范思忠、大姐范元明歡聚

大陸改革開放以後，范元芳夫婦與大哥大姐等親戚歡聚

要走很多路。總之，許多基本建設的事情需要大家來出資支持和參與。他們夫婦當時不是很富裕，然而二話不說，立馬參與其中。首先是把自來水管道接進村裏，使家家户户都能用上潔净的自來水，然後是鋪路、架橋，方便村民進出，增加經濟活力，改善村民生活。

張先生的大哥張子斌慈眉善目，更是菩薩心腸大手筆。20世紀80年代初，他看到村裏没有學校，小孩子讀書要走很遠的路，遂慷慨捐出一筆不小的資金，在家鄉捐建了一所學校，助力家鄉的教育事業。

23年前，范元芳聽一位義兄説，有家盲童孩子的養育院，没有固定的居住場所，有一些心地善良的人士，想集資爲他們買一處固定的院址，改善一下環境，可惜資金還不够50萬元。那時范元芳家的經濟狀况還没有達到大富大貴，然而他們夫婦聽到這個消息，立馬表示願意全數付出，以促成這件善事。這家養育院在他們夫婦的參與下，終于搬進了新的院址。

遠在上海的盧灣區僑聯，過去經常舉辦慈善晚會，邀請海内外的知名人士參加，爲保育院、老人院及殘疾兒童籌款。范元芳是積極分子，經常與朋友們專程赴滬，登臺表演，唱歌、唱戲，帶頭捐款。

右上：范元芳在慈善演唱會上表演獨唱

右下：范元芳在上海盧灣區慈善晚會上

热烈祝贺张沧元芳演出
卢湾区归国华侨
上海卢湾海外联谊

對于佛教界的事情，她更覺得自己責無旁貸。內地改革開放之初，上海的静安寺剛剛『解禁』，寺內一片蕭條，很少有人光顧。那時，大陸經濟還没有騰飛，當個『萬元户』都要登報、上電視的，范元芳與她的佛界朋友一起，毅然前去做水陸法事，超度祖先的亡靈，每人每次付出1萬元，連做18年。

范元芳家裏有各種各樣的獎杯和獎狀，都是她做善事的見證。

俗話説，『家家一本難念的經』。家庭事務的處理，也很能説明一個人的品位。

范元芳的大弟弟范思浩，如今是香港工商界的知名人士。可是想當年，當他1983年出來闖蕩市場，想憑借自身的技術，開創一片屬于自己的天地的時候，却因爲缺少300萬元資金而一籌莫展。這時候的姐姐范元芳，剛剛結婚10年，手裏的現款剛好有300萬。弟弟要辦廠，事關重大，需要資金支持，姐姐不由分説地把家底一下子全都掏出來了，爲弟弟的事業奠定了最初的基礎。後來弟弟的事業進一步拓展，做家用床上用品，在香港甚至世界範圍已是

右上：張先生在香港寧波同鄉會榮獲『特別獎』

右下：又一次獲獎

7-2007 寧波旅港同鄉會 四十週
特別獎
TOSHIBA 手提電腦

龍頭老大，但是所生產的產品涉及印染工藝。范元芳及時地提醒弟弟，千萬要做好環保工作，哪怕要增加投資，增加設備，也要做好環保工作。環保工作不做好，遲早要失敗的。

後來的事實證明，姐姐范元芳的意見非常正確，那些不注意環保的企業，接二連三地倒閉了，而弟弟的企業如日中天，不斷發展，現在已經成爲一個大型的聯合企業集團了。

……

蒼天有眼，大愛必有大福。好人好報，鴻運就在眼前。

范元芳、張德祥夫婦，已經共同走過了50年的人生風雨，目前身體健朗，精神飽滿，生活悠閑，兒孫滿堂。一天又一天，一年又一年，他們無怨無悔地做着自己喜歡的事業，一心一意地要使自己的生命更有意義。他們正在用自己的方式，書寫最新最美的篇章。

右上：范元芳與劉德華
右下：華仔是個好朋友

與華仔在一起真是開心

范元芳、張德祥夫婦與劉德華

左圖：張德祥（右）、張宗豪（左）與著名影星郭富城
右圖：兒子張宗豪一家與好朋友劉德華

大家庭有無窮的快樂

范元芳與大嫂張金芝梅（中）

范元芳、張德祥夫婦
與侄子張宗祺一家

婆婆與兒媳盧君穎

又是一個歡慶日

幸福快樂的一家人

左圖：兒女爲老爸70歲慶生
右圖：還有什麼比此時更開心

結婚 40 年紀念

左圖：轉眼兒孫已成行
右圖：幸福一家人

全家樂

後記

這本書的寫作過程中，我得到了很多朋友的熱情幫助。首先要感謝上海百樂門創辦人顧聯承先生的孫子顧家璉先生，他在香港經營自家公司的同時，還擔任他的故鄉浙江湖州南潯在香港的同鄉會會長。幾年前，承蒙他的盛情，把他母親大人陳天真女士留下的 15 件旗袍，捐贈給我們上海老旗袍珍品館。當他知道我們正在研究滬港兩地旗袍文化的傳承、發展和變化時，就熱心地介紹香港的旗袍朋友與我們交流。范元芳老師就是其中一位。在顧家璉先生的引薦下，我與范老師進行了長時間的訪談，參觀了她所有的旗袍以及與旗袍有關的配飾，大開眼界，毫不誇張地説，給我留下了深刻的印象。

老照片是人物傳記中不可或缺的，但是老照片基本都模糊不清了。晚清淮軍名將劉秉璋的後代劉遠揚先生，是修整老照片的能手，他毫不猶豫地伸出援助之手，而且總是“任務不過夜”，神速地使每張老照片面目一新。宋路平是位業餘的攝影愛好者，我們出版的每一本旗袍書，圖片都是出自他的攝影鏡頭。這次爲了這本書，他在范老師家裏用心用意地拍攝了三天。周鐵芝是旗袍行家，手工縫製旗袍已有二十多年，她的旗袍專業知識彌補了我的不足。

我第一次去香港采訪范老師，陪同者是曹蘭珍老師，知道我們旗袍館缺乏資金，她自費出旅差費。第二次去香港采訪范老師，同去的是“四輛馬車”，除了我和宋路平、周鐵芝，還有丁劍萍女士。丁劍萍女士是水處理業務專家，從業多年，事業有成，她還是“鋼杆的”旗袍粉絲。她慷慨地支付了“四輛馬車”全部的旅差費和餐飲費。

回到上海後，在我們去寧波“天一閣”和“范文虎中醫館”收集資料時，又得到了王柯科女士的熱情幫助。

上海科技文獻出版社已經爲我出版了 20 本書（包括再版的圖書），此書是第 21 本。社領導與老編輯陳寧寧老師、于學松老師，都不斷地鼓勵我，并爲我付出了艱辛的努力。我家附近的星威廣告店曹成玉夫婦，常年爲我提供優質服務……

有這麼多朋友來幫助，深感福分不淺，理應更加努力。在此謹向各位致以深深的感謝！

宋路霞

2024 年大年初六

圖書在版編目（CIP）數據

旗袍的靈魂是優雅 / 宋路霞編著 . —上海：上海科學技術文獻出版社，2024

ISBN 978-7-5439-9022-7

I. ① 旗… II. ①宋… III. ①旗袍—服飾文化—中國—通俗讀物 IV. ① TS941.717.8-49

中國版本圖書館 CIP 數據核字（2024）第 058168 號

責任編輯　于學松
特約編輯　陳寧寧
裝幀設計　儲　平

旗袍的靈魂是優雅
The Soul of Qipao is Elegance
宋路霞 編著　宋路平攝影

出版發行　上海科學技術文獻出版社
地　　址　上海市長樂路 746 號
郵政編碼　200040
經　　銷　全國新華書店
印　　刷　上海中華商務聯合印刷有限公司
開　　本　889×1194　1/16
印　　張　10.75
版　　次　2024 年 5 月第 1 版　2024 年 5 月第 1 次印刷
書　　號　ISBN 978-7-5439-9022-7
定　　價　198.00 圓
http://www.sstlp.com